Alle Jahre wieder zur Weihnachtszeit werden in vielen Ländern von alters her Sterne gebastelt. Aus der Vielzahl an Materialien lassen sich die unterschiedlichsten Modelle gestalten. Nach wie vor ist jedoch das naturbelassene Stroh das beliebteste und vielleicht auch schönste Material.

In diesem Buch möchte ich Ihnen zeigen, wie Sie selbst mit wenig Aufwand auf ganz einfache Weise wunderschöne Strohsterne herstellen können.
Neben klassischen Modellen finden Sie auch moderne Varianten mit Goldsternchen oder Perlen, die im weihnachtlichen Lichterglanz festlich schimmern.

Lassen Sie sich von den vielfältigen Vorschlägen zu eigenen Kreationen anregen, und überraschen Sie Ihre Lieben in diesem Jahr mit selbstgebastelten Strohsternen.

Strohsterne - Tips & Tricks

Material und Werkzeug

Um die Strohsterne dieses Buches nacharbeiten zu können, benötigen Sie: Strohhalme, eine Schere oder ein scharfes Messer und eine geeignete Schneideunterlage, ein Bügeleisen und ein altes Bügeltuch, einen starken Faden (zum Beispiel Perlgarn, Gold- oder Silberkordel), Tesafilm und Alleskleber.
Weitere Materialangaben wie Perlen oder Goldsternchen finden Sie bei den einzelnen Modellen. Eine Stecknadel und ein kleiner Styroporblock erleichtern Anfängern das Binden.

Einweichen

Die Strohhalme werden so lange in warmem oder heißem Wasser eingeweicht, bis sie so weich sind, daß sie weiterverarbeitet werden können (etwa 10 bis 30 Minuten). Selbstgesuchtes Stroh muß länger eingeweicht werden. Diese Halme haben in größeren oder kleineren Abständen knotenartige Verdickungen und verjüngen sich nach oben.
Gefärbtes Stroh sollten Sie Farbe für Farbe getrennt einweichen, da bunte Halme leicht abfärben. Verwenden Sie am besten kaltes Wasser, damit die Halme möglichst wenig Farbe verlieren.

Ungebügeltes Stroh

Binden

Nehmen Sie zum Binden der Strohsterne einen starken Faden, der nicht sofort reißt, zum Beispiel Perlgarn. Es empfiehlt sich, keinen Perlonfaden zu benutzen, da dieser die Halme leicht abschneidet.
Für Sterne aus eingeweichten Halmen verwende ich gerne eine Gold- oder Silberkordel, da diese etwas dicker ist.

Ziehen Sie den Faden bzw. die Kordel beim Binden immer gleich fest an und nicht erst zum Schluß, so erreichen Sie, daß der Stern rundum gleich straff angezogen ist.
Je nachdem, wie fest der Faden angezogen wird, sieht der Stern flacher oder plastischer aus. Denken Sie daran, daß sich das Stroh beim Trocknen noch etwas zusammenzieht, das heißt, wenn Sie zu locker binden, haben die einzelnen Halme später wenig Halt. Binden Sie zu fest, besteht die Gefahr, daß Sie einzelne Halme abdrücken.

Schneiden der Spitzen

Das Schneiden erfolgt erst nach dem Binden, damit die empfindlichen Halmenden nicht beschädigt werden.
Sollte während des Bindens das Stroh bereits getrocknet sein, weichen Sie den Stern nochmals in Wasser ein, bevor Sie ihn beschneiden.
Den eingeweichten Halm am Ende zwischen Daumen und Zeigefinger der linken Hand vorsichtig zusammenpressen und mit der Schere vom Ende zur Mitte hin schräg abschneiden. Variationen des Einschnittes sind der Schnitt schräg zur Seite, der v-förmige Einschnitt bzw. die schräge Spitze (siehe Seite 12/13).

Pressen und Trocknen der Sterne

Nach dem Binden und Einschneiden wölben sich die einzelnen Halme stark nach oben. Daher werden die Sterne mit etwas beschwert, das die Halme nicht zusammendrückt, zum Beispiel einer kleinen Flasche, einer Kerze o. ä. Lassen Sie die Sterne so trocknen.

Gebügeltes Stroh

Bügeln

Sind die Halme weich genug, werden sie mit einer Schere oder einem spitzen Messer aufgeschlitzt.

Danach werden sie mit großer Hitze auf einem alten Bügeltuch zuerst auf der Rückseite und danach auf der Vorderseite vorsichtig gebügelt. Drücken Sie die Spitze des Bügeleisens dabei nicht nach unten, sonst bekommen Ihre Halme jedesmal unschöne Druckstellen, die eventuell abknicken.

Wenn Sie leicht gebräunte Halme benötigen, so bügeln Sie einfach die Vorderseite der Halme etwas länger. Naturstroh läßt sich schneller bräunen als gebleichtes Stroh.

Vorrichten der Halme

Sortieren Sie vor dem Binden die Halme, und legen Sie Halme gleicher Breite, nach Farbe geordnet, nebeneinander.

Binden

Sterne aus gebügelten Strohhalmen werden grundsätzlich auf der Halmrückseite gebunden, da sich die Halme nach oben wölben und der Faden so leichter zwischen den Halmen durchgeführt werden kann. Die Knoten liegen grundsätzlich auf der Rückseite. Wenn Sie zwei Sterne miteinander verbinden, können Sie die Knoten in der Mitte zwischen den Sternen verbergen.

Schneiden der Spitzen

Um das Splittern oder Abbrechen der Strohhalme zu vermeiden, empfiehlt es sich, vor aufwendigen Einschnitten die Halmrückseite mit einem Tesafilmstreifen zu stabilisieren.

Ausbessern abgebrochener Spitzen

Bricht Ihnen dennoch einmal eine Spitze ab, versuchen Sie mit einem Stückchen Tesafilm das abgebrochene Teil wieder zu fixieren.

Manchmal ist es auch möglich, einen neuen Strohhalm als Ersatz einzuziehen. Entfernen Sie jedoch den schadhaften Halm erst aus dem Stern, wenn Sie den neuen Halm eingezogen haben. Bei Sternen aus ganzen Halmen gelingt es manchmal, einen etwas stärkeren Halm über den defekten zu ziehen.

Grundformen der Strohsterne

Vierer-Stern

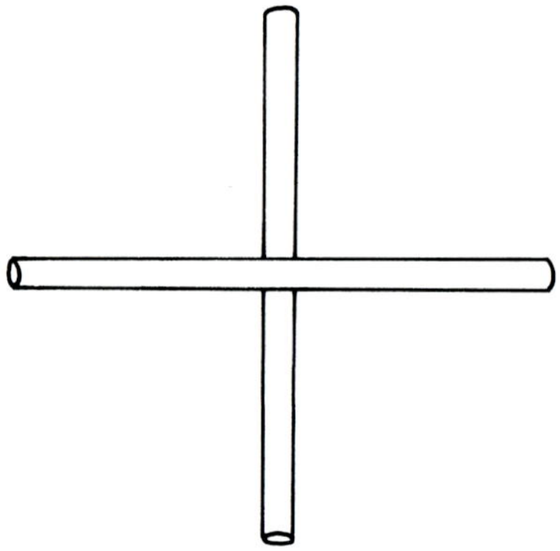

Wie der Name schon sagt, besteht dieser Stern aus vier Halmen. Zwei Halme werden so übereinandergelegt, daß ein Kreuz entsteht. Die beiden restlichen Halme auf Lücke darüberlegen, so daß alle entstandenen Winkel gleich groß sind. Mit einem festen Faden binden und auf der Rückseite verknoten.

Sechser-Stern

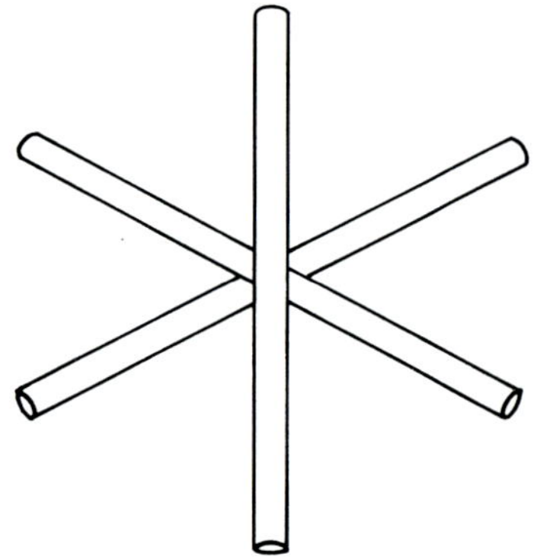

Dieser Stern wird aus sechs Halmen hergestellt. Die Halme werden so gelegt, daß zuerst drei Halme sechs gleichschenklige Dreiecke bilden. Darüber wird in jede Lücke ein weiterer Halm gelegt. Dann wird der Stern gebunden.

Achter-Stern

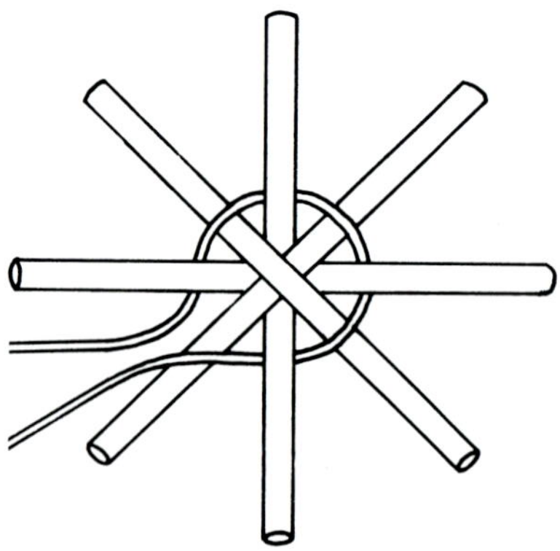

Der Achter-Stern wird aus zwei versetzt aufeinandergelegten Vierer-Sternen gebunden. Alternativ können Sie auch zuerst einen Vierer-Stern binden und darüber - auf Lücke - vorsichtig vier weitere Strohhalme legen - so sparen Sie sich einmal das Binden.

Binden Schritt für Schritt

Zwei Sterne miteinander verweben
Dies bedeutet, daß die beiden Sterne versetzt, das heißt auf Lücke, aufeinandergelegt und mit einem Faden zusammengebunden werden.

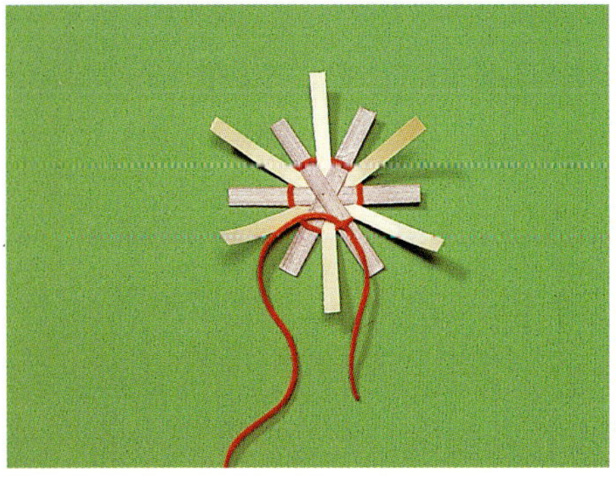

Tip:

Zum Binden der Sterne kann ein kleiner Styroporblock recht nützlich sein. Der gelegte Stern wird in der Mitte mit einer Stecknadel fixiert, so daß die einzelnen Halme nicht verrutschen können. Nun wird der Faden unter den Zeigefinger der linken Hand gelegt, die den Stern in der Mitte hält, und abwechselnd über und unter den einzelnen Strohhalmen entlanggeführt und der Stern zusammengewoben.
Geübte Strohsternbastler legen die Sterne an den Tischrand oder halten sie während des Bindens frei in der Hand. Zum Üben für den Anfang ist der Styroporblock sicher eine Erleichterung, auf die aber später verzichtet werden kann.

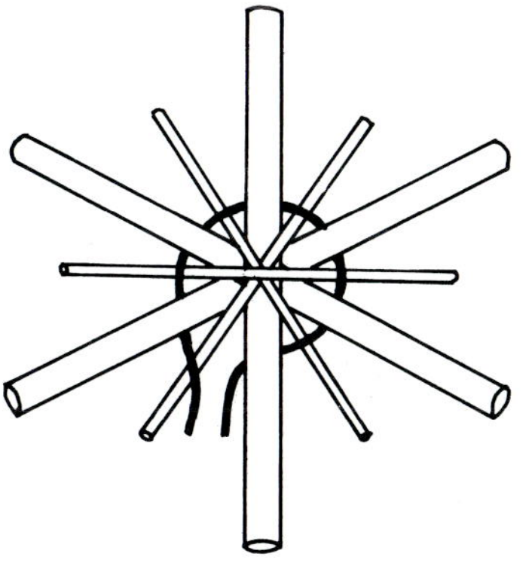

Ganz einfache Sterne aus eingeweichten Strohhalmen

Achter-Stern

(1 x 8 Halme oder 2 x 4 Halme)

Der Achter-Stern besteht aus vier breiten und vier schmalen, eingeweichten Halmen. Er wird aus zwei Vierer-Sternen zusammengesetzt.

Zwölfer-Stern

(2 x 6 Halme)

Der Stern wird aus sechs mittelbreiten und sechs schmalen, eingeweichten Halmen hergestellt. Legen Sie zwei Sechser-Sterne auf Lücke übereinander.

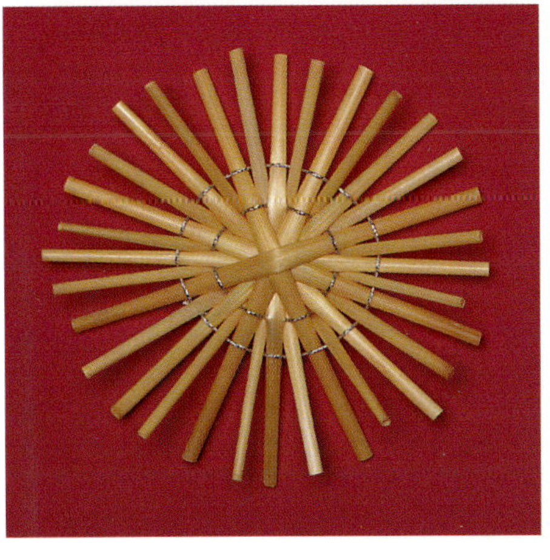

Sechzehner-Stern

(2 x 8 Halme oder 4 x 4 Halme)

Aus zweimal acht schmalen, eingeweichten Halmen entsteht dieser Stern. Hier wird er aus zwei Achter-Sternen zusammengesetzt. Sie können ihn auch aus vier Vierer-Sternen herstellen.

Ganz einfache Sterne aus gebügelten Strohhalmen

Achter-Stern

(1 x 8 Halme oder 2 x 4 Halme)
Dieser Achter-Stern besteht aus vier schmalen und vier breiten, gebügelten Halmen. Er wird aus zwei Vierer-Sternen zusammengesetzt.

Zwölfer-Stern

(2 x 6 Halme)
Der Stern wird aus sechs schmalen und sechs mittelbreiten, gebügelten Halmen hergestellt. Legen Sie zwei Sechser-Sterne auf Lücke übereinander.

Sechzehner-Stern

(2 x 8 Halme oder 4 x 4 Halme)
Aus acht schmalen und acht mittelbreiten, gebügelten Halmen entsteht dieser Stern. Hier wird er aus zwei Achter-Sternen zusammengesetzt.
Sie können ihn auch aus vier Vierer-Sternen herstellen.

Einfache Sterne aus eingeweichten Strohhalmen mit Einschnitten

Achter-Stern

(1 x 8 Halme oder 2 x 4 Halme)
Der Achter-Stern von Seite 8/9 wird mit einfachen Einschnitten versehen.

Einschnitte:
schräg zur Seite und halbes V

Zwölfer-Stern

(2 x 6 Halme)
Der Zwölfer-Stern von Seite 8/9 erhält durch einfache Schnitte schöne Spitzen.

Einschnitte:
Spitze kurz und v-förmig

Sechzehner-Stern

(2 x 8 Halme oder 4 x 4 Halme)
Der Sechzehner-Stern von Seite 8/9 wird mit einfachen Einschnitten versehen.

Einschnitte:
Spitze lang und Spitze kurz

Einfache Sterne aus gebügelten Strohhalmen mit Einschnitten

Achter-Stern

(1 x 8 Halme oder 2 x 4 Halme)
Der Achter-Stern von Seite 10/11 wird mit einfachen Einschnitten versehen.

Einschnitte:
v-förmig und Dreierspitze

Zwölfer-Stern

(2 x 6 Halme)
Der Zwölfer-Stern von Seite 10/11 erhält durch einfache Schnitte schöne Spitzen.

Schnitt:
flache Spitzen

Sechzehner-Stern

(2 x 8 Halme oder 4 x 4 Halme)
Der Sechzehner-Stern von Seite 10/11 wird mit einfachen Einschnitten versehen.

Einschnitt:
langes V

Einfache Sterne aus gebügeltem Stroh

Oberer Stern

Material:

- *6 gebügelte, mittelbreite Strohhalme, 11 cm lang*
- *6 gebügelte, schmale Strohhalme, 11 cm lang*
- *Goldfaden*

1. Aus den mittelbreiten bzw. den schmalen Halmen je einen Sechser-Stern binden. Beide Sterne versetzt so aufeinanderlegen und verweben, daß der schmale Stern oben liegt.

2. Die mittelbreiten Halmenden als langes V und die dünnen Halmenden als lange Spitze zuschneiden.

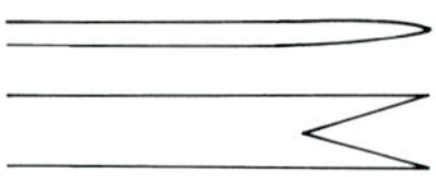

Mittlerer Stern

Material:

- *6 gebügelte, mittelbreite Strohhalme, 10,5 cm lang*
- *6 gebügelte, breite Strohhalme, 6 cm lang*
- *Goldfaden*

1. Aus den breiten und den mittelbreiten Halmen je einen Sechser-Stern binden. Beide Sterne versetzt so aufeinanderlegen und miteinander verweben, daß der breite Stern oben liegt.

2. Die langen Halmenden abwechselnd mit einem kurzen V und einer stumpfen Spitze versehen.

In alle kurzen Halmenden zwei nebeneinanderliegende V schneiden.

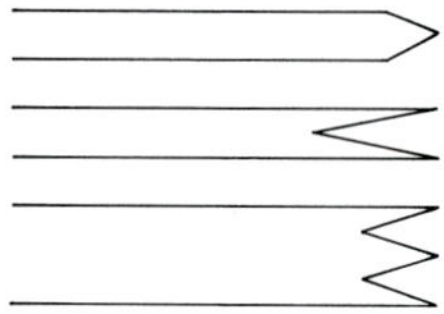

Unterer Stern

Material:

- *6 gebügelte, schmale Strohhalme, 10,5 cm lang*
- *6 gebügelte, mittelbreite Strohhalme, 5,5 cm lang*
- *Goldfaden*

1. Aus den schmalen bzw. den mittelbreiten Halmen je einen Sechser-Stern binden. Beide Sterne so miteinander verweben, daß der kleine Stern oben liegt.

2. Alle Halmenden v-förmig einschneiden.

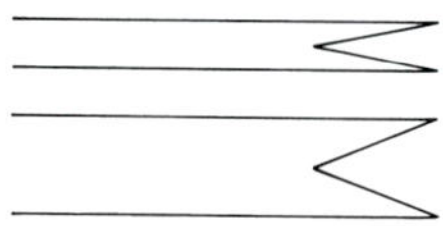

Sterne mit Perlen

Stern mit Naturperlen

Material:

- *12 eingeweichte Strohhalme, 10,5 cm lang*
- *24 naturfarbene Perlen (ø 3 mm)*
- *Silberfaden*
- *Alleskleber*

1. Aus je sechs Halmen zwei Sechser-Sterne binden. Diese versetzt aufeinanderlegen und miteinander verweben.

2. In jeden Halm beidseitig eine Kerbe schneiden. Dazu die Halme vorsichtig flachdrücken, erst den schrägen Schnitt und danach einen kurzen waagrechten Schnitt ausführen.

3. Die Halmenden anspitzen.

4. Nach dem Trocknen und vorsichtigen Pressen des Sterns die Perlen auf die Spitzen kleben.

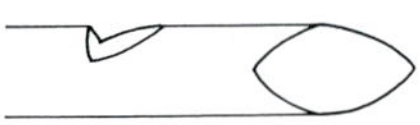

Stern mit Goldperlen

Material:

- *12 eingeweichte Strohhalme, 10,5 cm lang*
- *24 goldfarbene Perlen (ø 4 mm)*
- *Goldfaden und Alleskleber*

1. Punkt 1, 3 und 4 des vorhergehenden Sterns mit Naturperlen arbeiten.

Stern mit lila Holzperlen

Material:

- *6 eingeweichte Strohhalme, 11,5 cm lang*
- *6 eingeweichte Strohhalme, 8,5 cm lang*
- *Lila Perlgarn*
- *Alleskleber*

1. Aus den 11,5 cm langen bzw. den 8,5 cm langen Halmen je einen Sechser-Stern binden. Beide Sterne versetzt aufeinanderlegen und miteinander verweben.

2. Punkt 3 und 4 des Sterns mit Naturperlen ausführen.

Stern mit roten Perlen

Material:

- *12 eingeweichte Strohhalme, 10,5 cm lang*
- *24 rote Perlen (ø 3 mm)*
- *Rotes Perlgarn*
- *Alleskleber*

1. Punkt 1 des Sterns mit Naturperlen arbeiten.

2. Jedes dritte Halmende ca. 1,5 cm kürzen. Die Halmenden anspitzen.

3. Punkt 4 des Sterns mit Naturperlen ausführen.

Stern mit braunen Holzperlen

Material:

- *8 eingeweichte Strohhalme, 17 cm lang*
- *8 eingeweichte Strohhalme, 11,5 cm lang*
- *32 tiefbraune Holzperlen (ø 4 mm)*
- *Tiefbraunes Perlgarn*
- *Alleskleber*

1. Aus den acht langen und den acht kurzen Strohhalmen je einen Achter-Stern binden. Beide Sterne versetzt aufeinanderlegen und miteinander verweben.

Fortsetzung von Seite 16

2. Die kurzen Halmenden schräg zur Seite und die langen Halmenden spitz zuschneiden.

3. Nun werden die Einkerbungen für die Perlen vorsichtig eingeschnitten. Dazu wird der entsprechende Halm längs zusammengepreßt und von oben bzw. unten je ein schräger Schnitt ausgeführt. So entsteht eine kleine Raute.

4. Punkt 4 des Sterns mit Naturperlen arbeiten.

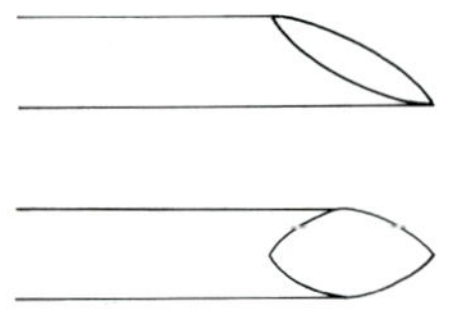

Zwölfstrahliger Stern

Material:

- *6 flach gebügelte ganze Strohhalme, 13 cm lang*
- *6 flach gebügelte ganze, schmale Strohhalme, 6,5 cm lang*
- *Goldfaden*

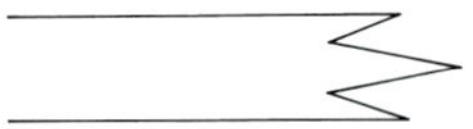

1. Aus je sechs langen bzw. sechs kurzen Halmen einen Sechser-Stern binden. Beide Sterne so miteinander verweben, daß der kleine Stern oben liegt.

2. Sämtliche Halmenden als Dreierspitze einschneiden.

Sterne mit braunen Halmen

Oberer Stern

Material:

- *6 eingeweichte, schmale Strohhalme, 12 cm lang*
- *6 gebügelte, mittelbreite braune Strohhalme, 8,5 cm lang*

1. Aus den gebügelten bzw. den eingeweichten Halmen je einen Sechser-Stern binden und wieder miteinander verweben, so daß der braune Stern oben liegt.

2. In die braunen Halmenden jeweils ein doppeltes V schneiden und die hellen Enden als lange Spitzen zuschneiden.

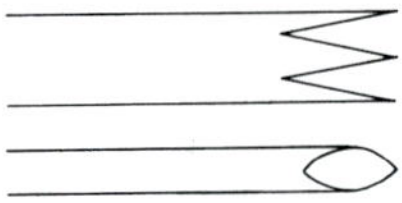

Linker mittlerer Stern

Material:

- *6 eingeweichte, schmale braune Strohhalme, 6 cm lang*
- *6 gebügelte, mittelbreite Strohhalme, 8 cm lang*

1. Aus den eingeweichten bzw. den gebügelten Halmen je einen Sechser-Stern binden und so miteinander verweben, daß der braune Stern oben liegt.

2. Die braunen Halmenden spitz und die hellen Enden v-förmig zuschneiden.

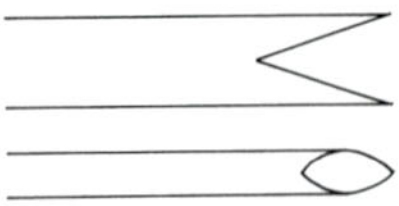

Rechter mittlerer Stern

Material:

- *6 eingeweichte, schmale braune Halme, 9,5 cm lang*
- *6 gebügelte, mittelbreite Strohhalme, 9,5 cm lang*
- *Goldfaden*

1. Aus den eingeweichten bzw. den gebügelten Strohhalmen je einen Sechser-Stern binden.

2. Beide Sterne so miteinander verweben, daß der gebügelte Stern oben liegt.

3. Die Halmenden v-förmig einschneiden bzw. spitz zuschneiden.

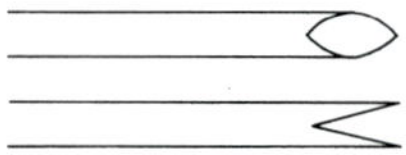

Unterer Stern

Material:

- *8 eingeweichte, schmale braune Halme, 8 cm lang*
- *4 gebügelte, mittelbreite Halme, 5 cm lang*
- *Goldfaden*

1. Aus den vier gebügelten Halmen einen Vierer-Stern binden.

2. Aus den acht eingeweichten Halmen ebenfalls einen Vierer-Stern fertigen, dabei jeweils zwei Halme nebeneinanderlegen.

3. Beide Sterne versetzt so aufeinanderlegen und miteinander verweben, daß sich der helle Stern oben befindet.

4. Die Enden des gebügelten Sterns v-förmig einschneiden. Braune Halmenden waagrecht begradigen.

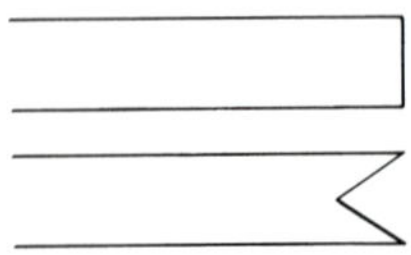

Sterne mit braunen Streifen

Oberer Stern (rechts)

Material:

- *4 gebügelte Strohhalme (3 mm breit), 11 cm lang*
- *4 gebügelte Strohhalme (10 mm breit), 9 cm lang*
- *4 gebügelte braune Strohstreifen (4 mm breit), 7,5 cm lang, spitz zugeschnitten*
- *Goldfaden*
- *Alleskleber*

1. Aus den 11 cm langen Strohhalmen einen Vierer-Stern binden.

2. Die braunen Strohstreifen gleichmäßig auf die 9 cm langen Strohhalme kleben. Aus diesen Halmen ebenfalls einen Vierer-Stern binden. Beide Sterne versetzt so aufeinanderlegen, daß sich die beklebten Halme oben befinden, und miteinander verweben.

3. Die langen Halme v-förmig einschneiden und die kurzen Halme mit einer flachen Dreierspitze versehen.

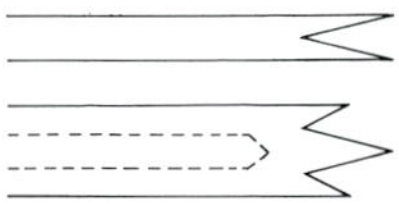

Mittlerer Stern

Material:

- *4 gebügelte Strohhalme (etwa 5 mm breit), 10,5 cm lang*
- *4 gebügelte Strohhalme (etwa 4 mm breit), 8 cm lang*
- *8 gebügelte, braune Strohstreifen (1-2 mm breit), 2,5 cm lang*
- *Goldfaden; Alleskleber*

1. Aus den langen bzw. den kurzen Halmen je einen Vierer-Stern binden und miteinander verweben.

2. Die langen Halmenden mit den braunen Streifen bekleben. Sämtliche Halmenden v-förmig einschneiden.

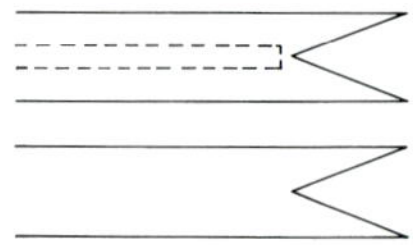

Unterer Stern

Material:

- *6 gebügelte Strohhalme (7 mm breit), 10,5 cm lang*
- *6 gebügelte Strohhalme (2,5 mm breit), 10,5 cm lang*
- *6 gebügelte, schmale braune Strohstreifen, 9,5 cm lang, spitz zugeschnitten*
- *Goldfaden*
- *Alleskleber*

1. Die braunen Strohstreifen gleichmäßig auf die breiten Halme kleben.

2. Solange der Klebstoff trocknet, aus den schmalen Halmen einen Sechser-Stern binden.
Nun mit den braun beklebten Halmen einen weiteren Sechser-Stern fertigen und beide Sterne so miteinander verweben, daß der Stern aus den schmalen Halmen oben liegt.

3. Sämtliche Halmenden spitz zuschneiden.

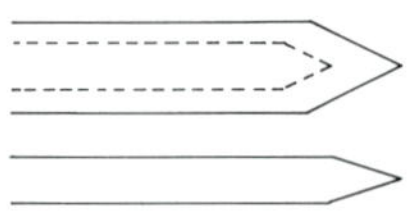

(Fortsetzung Seite 24)

Stern mit Goldsternchen

Material:

- *4 gebügelte, mittelbreite Strohhalme, 7,5 cm lang*
- *4 gebügelte, mittelbreite Strohhalme, 5 cm lang*
- *8 Goldsternchen (Ø 10 mm)*
- *4 gebügelte, schmale braune Strohstreifen, 7 cm lang*
- *Goldfaden*
- *Alleskleber*

1. Die braunen Strohstreifen auf die breiten Halme kleben und einen Viererstern binden. Aus den kurzen Halmen ebenfalls einen Vierer-Stern fertigen und beide Sterne so miteinander verweben, daß sich der kleine Stern oben befindet.

2. Die langen Halmenden spitz zuschneiden, die kurzen v-förmig. Abschließend die Goldsternchen auf die Spitzen kleben.

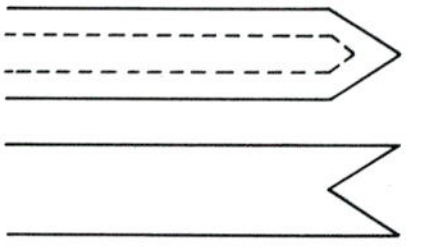

✳✳✳✳✳✳✳✳✳✳✳✳

Stern mit lila Oliven

Material:

- *6 gebügelte, breite Strohhalme, 7,5 cm lang*
- *6 gebügelte, mittelbreite Strohhalme, 11,5 cm lang*
- *18 lila Oliven, 6 mm lang*
- *Goldfaden*

1. Aus den breiten Strohhalmen einen Sechser-Stern binden.

2. Aus den mittelbreiten Halmen ebenfalls einen Sechser-Stern binden, dabei den Goldfaden nicht abschneiden. Den Stern umdrehen und auf der Vorderseite mit dem einen Goldfaden nochmals die Halme umweben, dabei sechs Oliven auffädeln.
Den Stern wieder umdrehen und auf der Rückseite die Goldfäden zusammenknoten und abschneiden.

3. Nun wird der breite Stern versetzt auf den schmaleren gelegt. Die Sterne werden mit Goldfaden zusammengewoben und die Oliven, wie unter Punkt 2 beschrieben, befestigt.

4. Die Halme auf gleiche Länge ziehen.

5. Die kurzen Halmenden werden spitz zugeschnitten und die langen mit einer dreiteiligen Spitze versehen.

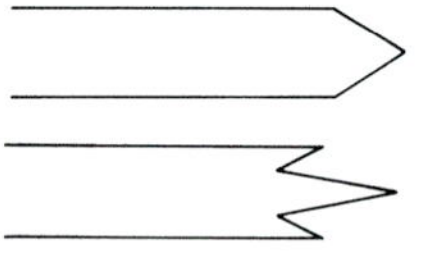

Stern mit braunen Halmen

Material:
- *6 eingeweichte, schmale braune Strohhalme, 11 cm lang*
- *6 gebügelte, mittelbreite Strohhalme, 10 cm lang*
- *Goldfaden*
- *Tesafilm*

1. Aus den eingeweichten bzw. den gebügelten Strohhalmen je einen Sechser-Stern binden.

2. Die gebügelten Halmenden auf der Rückseite mit Tesafilm bekleben.

3. Beide Sterne versetzt aufeinanderlegen und miteinander verweben, so daß der helle Stern oben liegt.

4. Die hellen Halme an den Seiten zweimal einkerben, die braunen Halmenden spitz zuschneiden.

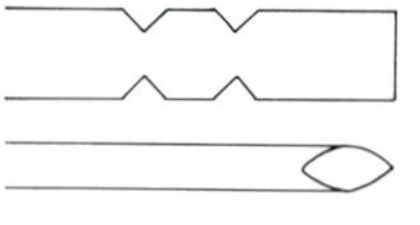

Stern mit grossen und kleinen Goldsternchen

Material:
- *6 gebügelte, mittelbreite Strohhalme, 11 cm lang*
- *6 gebügelte, mittelbreite Strohhalme, 6,5 cm lang*
- *13 Goldsternchen (ø etwa 10 mm)*
- *12 Goldsternchen (ø etwa 5 mm)*
- *Goldfaden*
- *Tesafilm und Alleskleber*

1. Die langen Halmenden auf der Rückseite mit Tesafilm bekleben. Die langen bzw. die kurzen Halme jeweils zu einem Sechser-Stern zusammenbinden.

2. Beide Sterne versetzt aufeinanderlegen und so miteinander verweben, daß der kleine Stern oben liegt. Die kurzen Halmenden mit einer stumpfen Spitze versehen. Die langen Enden v förmig einschneiden und beidseitig einkerben.

3. Zum Schluß werden die Goldsternchen aufgeklebt.

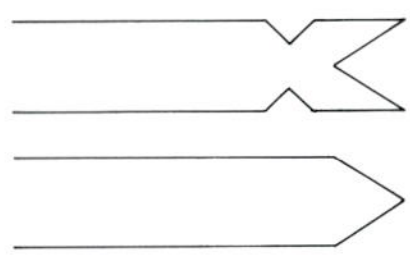

Sterne mit gebräunten Halmen

Oberer Stern

Material:

- *6 gebügelte, mittelbreite, leicht gebräunte Strohhalme (6 mm breit), 11 cm lang*
- *6 gebügelte, mittelbreite Strohhalme (5 mm breit), 5,5 cm lang*
- *Goldfaden*

1. Aus den langen bzw. den kurzen Strohhalmen je einen Sechser-Stern binden. Beide Sterne versetzt aufeinanderlegen und miteinander verweben. Der kleine Stern soll oben liegen.

2. Die kurzen Halme mit breiten Spitzen versehen, die langen Halme mit einer dreiteiligen Spitze versehen.

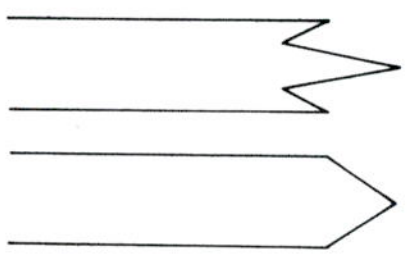

Mittlerer Stern

Material:

- *6 gebügelte, mittelbreite, leicht gebräunte Strohhalme (6 mm breit), 12 cm lang*
- *6 gebügelte, dünne Strohhalme (3 mm breit), 8 cm lang*
- *Goldfaden*
- *Tesafilm*

1. Punkt 1 des oberen Sterns arbeiten.

2. Die gebräunten Strohhalmenden auf der Rückseite mit einem Tesafilmstreifen verstärken.

3. Die kurzen Halmenden v-förmig einschneiden. Die langen Halme etwa in Höhe der kurzen Halmenden mit seitlichen Einkerbungen versehen.

In die langen Halmenden jeweils zwei gleich breite, nebeneinanderliegende V schneiden.

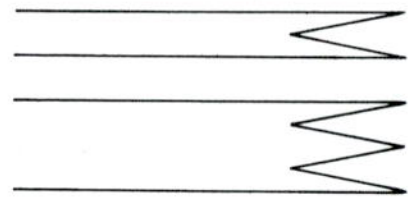

Unterer Stern

Material:

- *12 gebügelte, schmale, leicht gebräunte Strohhalme (3 mm breit), 11 cm lang*
- *12 gebügelte, schmale Strohhalme (2 mm breit), 11 cm lang*
- *Goldfaden*

1. Aus den gebräunten Halmen zwei Sechser-Sterne binden, diese versetzt aufeinanderlegen und miteinander verweben.

2. Aus den hellen Halmen ebenfalls zwei Sechser-Sterne binden und miteinander verweben.

3. Beide Sterne versetzt so aufeinanderlegen, daß der gebräunte Stern oben liegt, und verweben.

4. Die hellen Halmenden werden spitz zugeschnitten, die gebräunten erhalten v-förmige Einschnitte.

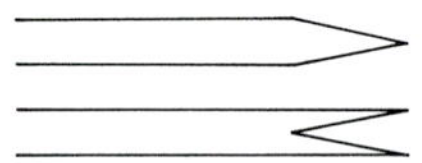

Sterne mit sehr schmalen Halmen

Oberer Stern

Material:

- *6 gebügelte, mittelbreite Strohhalme, 11 cm lang*
- *6 eingeweichte, dünne Strohhalme, 6 cm lang*
- *12 kleine Goldsternchen (ø 5 mm)*
- *Goldfaden*
- *Alleskleber*

1. Aus den gebügelten und den eingeweichten Strohhalmen je einen Sechser-Stern binden.

2. Beide Sterne so versetzt aufeinanderlegen und miteinander verweben, daß der kleine Stern oben liegt.

3. Die kurzen Halmenden spitz zuschneiden, die langen Enden mit einer Dreierspitze versehen. Auf die langen Halmenden je ein kleines Sternchen kleben.

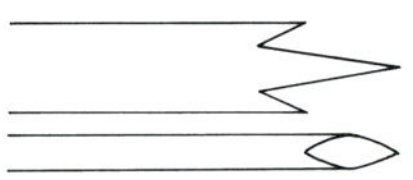

Unterer Stern

Material:

- *4 gebügelte, schmale Strohhalme, 10,5 cm lang*
- *4 gebügelte, breite Strohhalme, 5 cm lang*
- *1 Goldsternchen (ø 10 mm)*
- *8 kleine Goldsternchen (ø 5 mm)*
- *Goldfaden*
- *Alleskleber*

1. Aus den langen bzw. kurzen Strohhalmen je einen Vierer-Stern binden. Beide Sterne so zu einem Stern verweben, daß der breite Stern oben liegt.

2. In die Mitte den großen Goldstern und rundum auf die breiten Halme die kleinen Goldsternchen kleben.

3. Die breiten Halmenden v-förmig einschneiden und die schmalen spitz zuschneiden.

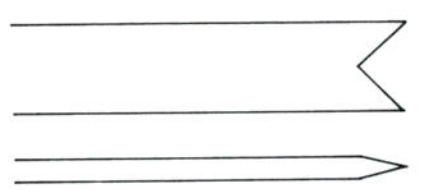

Stern mit eingekerbten Strahlen

Material:
- *2 gebügelte Strohhalme (7 mm breit), 12 cm lang*
- *2 gebügelte Strohhalme (6 mm breit), 12 cm lang*
- *12 gebügelte leicht gebräunte Strohhalme (2,5 mm breit), 8,5 cm lang*
- *Goldfaden*
- *Tesafilm*

1. Die hellen Halmenden auf der Rückseite mit Tesafilm bekleben.

2. Aus acht gebräunten Halmen einen Achter-Stern binden.

3. Aus vier hellen Halmen einen Vierer-Stern binden, ebenso aus den restlichen vier gebräunten Halmen. Beide Sterne versetzt aufeinanderlegen und miteinander verweben. Der gebräunte Stern soll oben liegen.

4. Nun die beiden Achter-Sterne so miteinander verweben, daß die gebräunten Halme oben liegen.

5. Die hellen Halme an den Seiten dreimal vorsichtig einkerben, die Halmenden jeweils mit einer Dreierspitze versehen.

6. Die gebräunten Halmenden v-förmig einschneiden bzw. spitz zuschneiden.

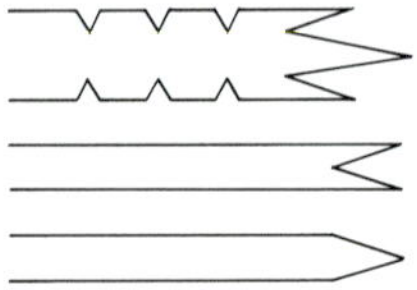

Stern mit grossen und kleinen Goldsternen

Material:
- *6 gebügelte, schmale Strohhalme, 10 cm lang*
- *6 gebügelte, breite Strohhalme, 6,5 cm lang*
- *13 Goldsternchen (ø 10 mm)*
- *6 Goldsternchen (ø 5 mm)*
- *Goldfaden*
- *Alleskleber*

1. Aus den breiten bzw. den schmalen Strohhalmen je einen Sechser-Stern binden. Beide Sterne versetzt aufeinanderlegen und so miteinander verweben, daß der Stern mit den langen Halmen oben liegt.

2. In die breiten Halmenden jeweils vier bis fünf schmale V nebeneinander einschneiden. Die langen Halme leicht anspitzen und mit den großen Goldsternen bekleben. In der Sternmitte ebenfalls einen großen Stern fixieren.
Auf jedem zweiten breiten Halm einen kleinen Stern anbringen.

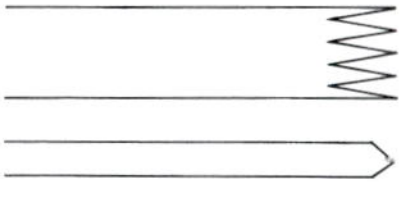

Stern mit Goldsternen

Material:
- *8 gebügelte Strohhalme (6 mm breit), 10,5 cm lang*
- *8 gebügelte Strohhalme (2,5 mm breit), 8 cm lang*
- *17 Goldsternchen (ø 10 mm)*
- *Goldfaden*
- *Alleskleber*

1. Aus den langen Halmen einen Achter-Stern binden, ebenso aus den kurzen Halmen.

2. Beide Sterne so miteinander verweben, daß der kleine Stern oben liegt.

3. Die kurzen Halmenden erhalten lange v-förmige Einschnitte und die langen Halmenden Dreierspitzen.

4. Die Mitte sowie die langen Halmenden werden mit je einem Goldstern verziert.

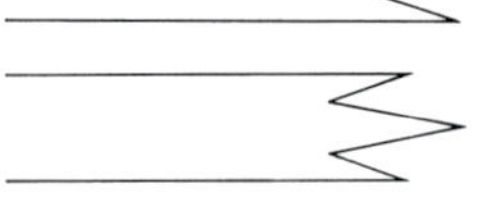

Sternensonne

Material:

- *4 gebügelte, mittelbraune Strohhalme, 15 cm lang*
- *24 gebügelte, gleich breite Strohstreifen, 4 cm lang*
- *4 gebügelte, breite Strohhalme, 8 cm lang*
- *Goldfaden*
- *Tesafilm*

1. Aus den breiten Halmen einen Vierer-Stern binden. Die Halmenden auf der Rückseite mit Tesafilm verstärken.

2. Aus den langen Halmen ebenfalls einen Vierer-Stern binden. Beide Sterne so miteinander verweben, daß sich der große Stern oben befindet.

3. Nun auf jedes lange Halmende mit drei zusätzlichen Strohstreifen einen kleinen Stern binden.

4. Die kleinen Sterne v-förmig einschneiden. Die breiten Halme an den Seiten dreimal einkerben. Die Halmenden leicht abschrägen und in die Mitte ein kleines V schneiden.

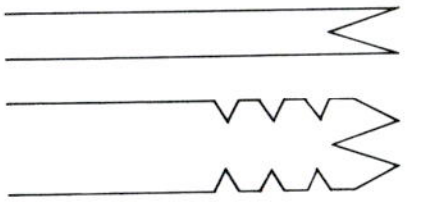

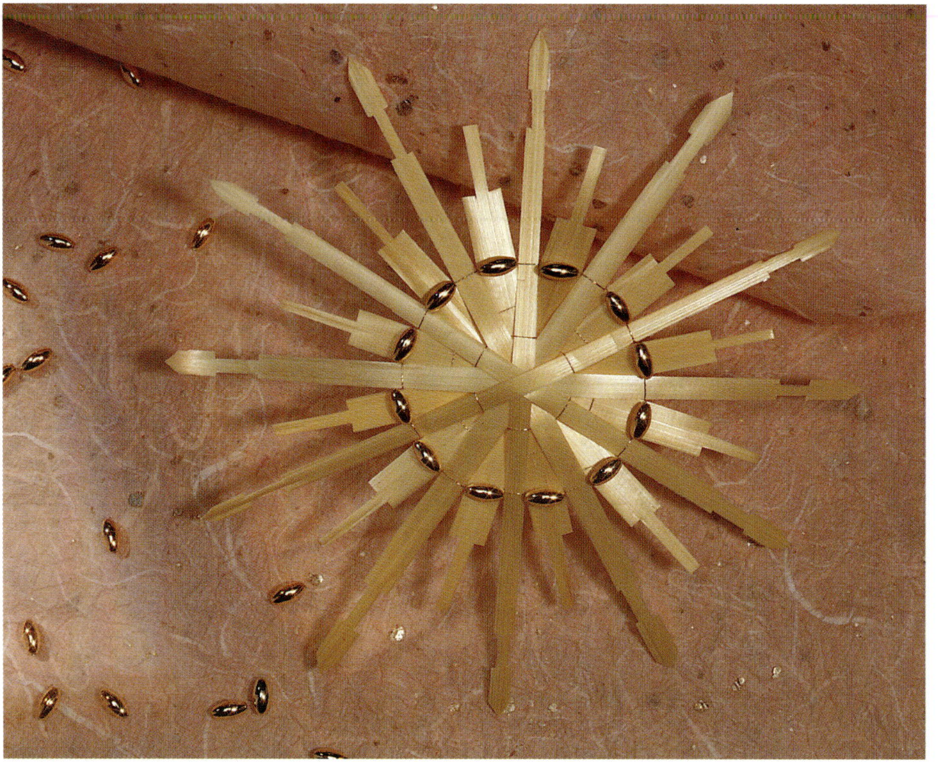

Stern mit modernen Einschnitten

Material:
- *6 gebügelte, mittelbreite Strohhalme, 15 cm lang*
- *6 gebügelte, breite Strohhalme, 10,5 cm lang*
- *12 goldfarbene Oliven, 8 mm lang*
- *Goldfaden; Tesafilm*

1. Die langen Halmenden auf der Rückseite mit Tesafilm bekleben und zu einem Sechser-Stern binden. Die kurzen Halme ebenfalls zu einem Sechser-Stern binden. Beide Sterne so miteinander verweben, daß der lange Stern oben liegt.

2. Den Stern umdrehen und mit einem Fadenende den Stern nochmals verweben, dabei die Oliven aufziehen. Den Stern wieder umdrehen und die Fadenenden verknoten.

3. Einschneiden der kurzen Halmenden: Einen schmalen Streifen, 1,5 cm lang, auf der ganzen Länge gleich breit, freilegen.

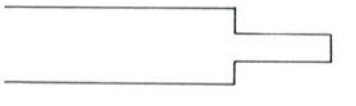

4. Einschneiden der langen Halmenden: Zuerst wird die Spitze zugeschnitten, danach wird der Halm beidseitig zweimal kurz waagrecht angeschnitten und der senkrechte Streifen freigelegt.

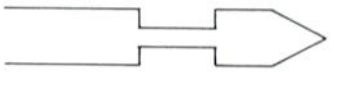

Stern mit gebräunten Halmen

Material:
- *8 gebügelte, mittelbreite, leicht gebräunte Strohhalme, 10,7 cm lang*
- *8 gebügelte, etwas breitere Strohhalme (etwa 5 mm breit), 7 cm lang*
- *Goldfaden*
- *Tesafilm*

1. Aus den gebräunten bzw. den hellen Strohhalmen je einen Achter-Stern binden.

2. Die Halmenden des hellen Sterns auf der Rückseite mit etwa 1 bis 1,5 cm langen Tesafilmstreifen bekleben.

3. Beide Sterne versetzt aufeinanderlegen und miteinander verweben, so daß später der gebräunte Stern oben liegt.

4. Die langen Halmenden v-förmig einschneiden. Die Halmenden des kleinen Sterns mit breiten Spitzen und seitlichen Einkerbungen versehen.

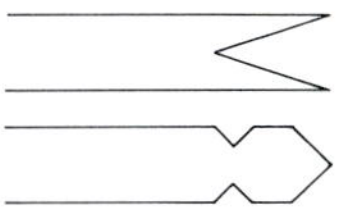

Stern mit Strohbögen

Material:

- *6 eingeweichte Strohhalme, 12 cm lang*
- *6 eingeweichte Strohhalme, 8,5 cm lang*
- *6 gebügelte, schmale Strohstreifen, 18 cm lang*
- *6 gebügelte, schmale Strohstreifen, 12 cm lang*
- *Goldfaden*
- *Alleskleber*

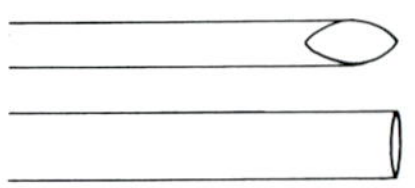

1. Aus den langen Strohhalmen bzw. den kurzen Halmen je einen Sechser-Stern binden. Beide Sterne so miteinander verweben, daß der kleine Stern oben liegt.

2. Den Stern trocknen lassen und in der Mitte leicht beschweren, so daß die Halme nicht beschädigt werden.

3. Aus den kurzen Strohstreifen kleine Bögen in jeden zweiten kurzen Halm kleben. Darüber eine zweite Bogenrunde aus den langen Strohstreifen anbringen. Eventuell mit kleinen Wäscheklammern fixieren, bis der Klebstoff getrocknet ist.

4. Die langen Halmenden spitz zuschneiden. Dabei den möglichst noch feuchten Halm zwischen Daumen und Zeigefinger der linken Hand leicht zusammendrükken.

Stern mit roten Akzenten

Material:

- *6 eingeweichte, mittelbreite Strohhalme, 11 cm lang*
- *3 gebügelte, mittelbreite Strohhalme, 9 cm lang*
- *9 (3 x 3) rote Blütenstiele, 8 cm lang*
- *18 rote Blütenstiele, 7 cm lang*
- *12 gebügelte Strohstreifen, 10,5 cm lang*
- *Goldfaden und Lurexfaden*
- *Alleskleber*

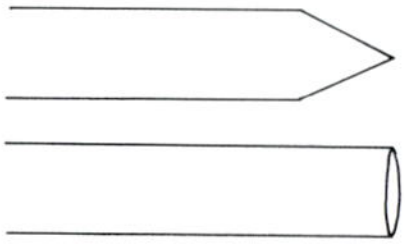

1. Aus den eingeweichten Halmen mit dem Goldfaden einen Sechser-Stern binden.

2. Einen Sechser-Stern aus den 9 cm langen Halmen und den 8 cm langen Blütenstielen binden. Den Stern so drehen, daß die roten Blütenstiele oben liegen.

3. Nun werden die beiden Sechser-Sterne mit einem Lurexfaden zu einem Stern verwoben.

4. Die gebügelten Strohstreifen bogenförmig so in die eingeweichten Halmenden kleben, daß stets ein eingeweichtes Halmende überbrückt wird. In jedes zweite Halmende zusätzlich noch jeweils drei rote, 7 cm lange Blütenstiele kleben.

5. Die sechs flach gebügelten Halmenden werden spitz zugeschnitten. Die restlichen Halmenden nur gleichmäßig begradigen.

Filigraner Stern mit Goldsternen

Material:
- *3 eingeweichte, mittelbreite Strohhalme, 12,5 cm lang*
- *3 eingeweichte, mittelbreite Strohhalme, 8 cm lang*
- *6 gebügelte, mittelbreite, leicht gebräunte Strohhalme, 8 cm lang*
- *1 Goldsternchen (ø 10 mm)*
- *6 Goldsternchen (ø 20 mm)*
- *Goldfaden*
- *Alleskleber*
- *Tesafilm*
- *6 gebügelte, schmale Strohstreifen, 22 cm lang*
- *6 gebügelte, schmale Strohstreifen, 18 cm lang*

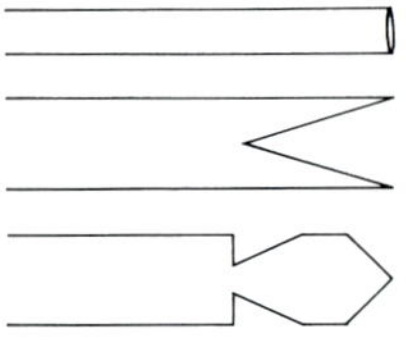

1. Aus den sechs gebügelten Halmen einen Sechser-Stern binden.

2. Aus den drei langen und aus den drei darüberliegenden kurzen Halmen ebenfalls einen Sechser-Stern fertigen. Achten Sie darauf, daß die Enden der kurzen Strohhalme nicht eingerissen sind.

3. Bekleben Sie die Rückseite der gebügelten Halmenden mit Tesafilm.

4. Die beiden Sechser-Sterne so miteinander verweben, daß der braune Stern oben liegt.

5. Jedes zweite gebügelte Halmende v-förmig einschneiden, die restlichen Enden nach Zeichnung.

6. In die kurzen Enden der eingeweichten Halme je einen Bogen aus einem 18 cm langen Strohstreifen kleben und darüber einen Bogen aus einem 22 cm langen Strohstreifen anbringen.

7. Die Sternmitte mit dem kleinen Stern und die langen Halmenden mit den großen Sternen verzieren.

Sterne mit kleinen Strohsternen

Oberer Stern

Material:

- *8 gebügelte, schmale, leicht gebräunte Strohhalme, 11 cm lang*
- *8 gebügelte, sehr schmale Strohhalme, 7 cm lang*
- *Strohreste in der Breite der gebräunten Halme*
- *Goldfaden*
- *Alleskleber*

1. Aus den hellen bzw. den gebräunten Halmen je einen Achter-Stern binden.

2. Beide Sterne so miteinander verweben, daß der kleine Stern oben liegt.

3. Die kurzen Halmenden sehr spitz zuschneiden.

4. Jedes zweite lange Halmende v-förmig einschneiden. Die restlichen Halmenden anspitzen und je zwei 1,7 cm lange Strohstückchen als Sternchen aufkleben.
Die Strohstückchen sollten die gleiche Breite wie die Spitzen des Sterns haben.

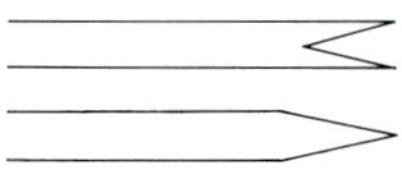

Unterer Stern

Material:

- *3 gebügelte, mittelbreite Strohhalme, 7,5 cm lang*
- *3 gebügelte, breite Strohhalme, 6 cm lang*
- *Strohrest für kleinen Stern in der Mitte, 1,5 cm lang*
- *6 Wachsperlen (ø 3 mm)*
- *Goldfaden*
- *Alleskleber*

1. Die drei breiten Halme und darüber die drei schmalen Halme zu einem Sechser-Stern legen und zusammenbinden. Den Stern umdrehen und ein Fadenende auf die Vorderseite legen. Eine zweite Runde binden und dabei über den schmaleren Halmen die Perlen aufziehen.

2. Die langen Halme v-förmig einschneiden. Die kurzen Halme leicht schräg schneiden und in der Mitte ein kleines V freilegen.

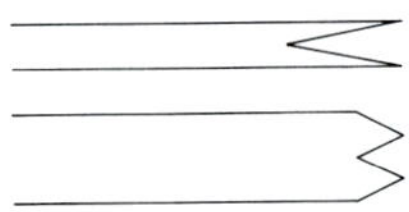

Stern mit Dekosteinchen

Material:
- *8 gebügelte, schmale Strohhalme, 13,5 cm lang*
- *8 gebügelte, mittelbreite Strohhalme, 9,5 cm lang*
- *9 rote Dekosteinchen*
- *Goldfaden*
- *Alleskleber*

1. Aus den schmalen bzw. den mittelbreiten Strohhalmen je einen Achter-Stern binden. Beide Sterne versetzt so aufeinanderlegen, daß sich der Stern mit den kurzen Halmen später oben befindet.

2. In die Mitte und auf jeden zweiten kurzen Halm einen Dekostein kleben.

3. Alle Halmenden v-förmig einschneiden. Die kurzen Halme ohne Dekosteine zusätzlich beidseitig einkerben. Diese Halme zuvor eventuell auf der Rückseite mit Tesafilm verstärken.

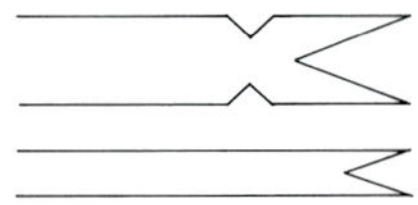

Sterne aus eingeweichten Halmen

(Abbildung Seite 48)

Oberer Stern

Material:
- *6 eingeweichte, mittelbreite Strohhalme, 13 cm lang*
- *6 eingeweichte, mittelbreite Strohhalme, 9,5 cm lang*
- *Silberner Lurexfaden*

1. Aus den 9,5 cm langen und den 13 cm langen Halmen je einen Sechser-Stern binden.

2. Beide Sterne miteinander verweben.

3. Die Halmenden nach Zeichnung ein- bzw. abschneiden. Zusätzlich werden die langen Halme 3 cm von den Enden entfernt mit der Schere eingekerbt.

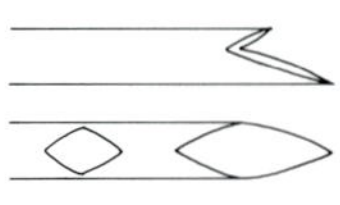

Unterer Stern

Material:
- *8 eingeweichte, schmale Strohhalme, 16 cm lang*
- *8 eingeweichte, breite Strohhalme, 11 cm lang*
- *Goldfaden*

1. Aus den dünnen Halmen zwei Vierer-Sterne binden. Beide Sterne miteinander verweben. Mit den dicken Halmen ebenso verfahren.

2. Die beiden Achter-Sterne zu einem Stern verweben.

3. Die Halmenden schräg abschneiden.

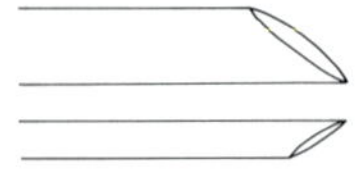